方物

03

蘑菇生万物

蔡潇　刘欣然 ＊ 著

湖南科学技术出版社
·长沙·

目录

蘑菇辞典
Mushroom Glossary

微生物
Microorganism

难以用肉眼直接看到的微小生物总称，包括细菌、真菌、原生动物以及病毒等。缺少了它们，生物圈的物质能量循环将中断，地球上的生命将难以繁衍生息。

真菌
Fungi

单细胞或多细胞异养真核微生物，主要包括酵母、霉菌以及蕈菌等，能够通过无性或有性殖产生的孢子进行繁殖。其中蕈菌又称菇类，泛称大型真菌的肉质产孢子实体，是生态系统中的主要分解者，也是本书的主要研究对象。

大型真菌
Macrofungi

子实体肉眼可见，徒手可摘的一类真菌，大多数属于担子菌门，少数属于子囊菌门，包括大型担子菌、大型子囊菌和地衣型真菌等类群。

蘑菇
Mushroom

又被称为蕈类、菇类，是大型真菌的肉质子实体的泛称。

子实体
Fruiting Body

任何一种含有或者产生孢子的复杂菌物结构。

多孔菌科
Polyporaceae

真菌担子菌门中的一个科。多孔菌大多在死木上腐生生长，也有部分在活树上寄生生长。

—07—

木蹄层孔菌
Fomes Fomentarius

一种多孔菌科真菌，子实体状似马蹄，是火绒的主要来源，能够被用作火种、药物等。

—08—

火绒
Amadou

泛指从多孔菌中剥离出的菌髓层加工而来的一种海绵状易燃材料。能够被加工为助燃火种、止血敷料、驱虫用品以及皮革。

—09—

火绒之树
Amadou Tree

指被木蹄层孔菌寄生的树。科伦德工匠根据木蹄层孔菌会在同一棵树上反复生长子实体的特性，标记被寄生的树，以便来年再次获得新的木蹄层孔菌。他们称这种树为"火绒之树"。

—10—

火绒地图
Amadou Map

存在于科伦德工匠脑海中的"火绒之树"分布图。工匠会在经年累月的蘑菇采集工作中不断标记新的"火绒之树"，随着"火绒之树"增多，形成"火绒地图"。每一张"火绒地图"都是独一无二的。

—11—

火绒皮革
Amadou Leather

通过火绒材料加工而来的素皮革。目前，只有特兰西瓦尼亚的科伦德山村仍保留这种手工艺，工艺通过剥皮、捶打、揉碾等一系列工序将木蹄层孔菌加工成皮革，用于生产生活。

—12—

三联苯醌
Terphenylquinones

一种主要存在于真菌中的色素化合物，最早从多孔菌目中获得，是牛肝菌目的典型成分。它能够产生蓝色、紫色和绿色。

13
色素
Pigment

吸收特定波长的光并反射剩余脉冲可见光谱（380~750 nm）的分子。微生物产生色素主要是为了抵御不利的生长环境，提高生存能力，所以微生物源色素具有抗菌、抗癌、抗辐射和抗氧化等潜在的生物活性。

14
金属离子
Metal Ions

一类由金属元素（铵根离子除外）失去电子而形成的阳离子，通常由可溶性盐溶于水解离或金属单质、高价金属离子发生氧化还原反应而来。

15
媒染剂
Mordant

泛指使染料固定或者更好地附着在织物上的物质，通常是多价金属离子。媒染剂的词源为拉丁语"mordere"，意为"咬"，也就是帮助染料"咬"住纤维。

16
湖
Lake

制作色淀颜料所用的沉淀工序，通过用惰性媒染剂将染料沉淀的方式制取颜料。它源自法国人的"紫胶"（Lac）工艺，即从紫胶虫（Kerria lac-ca）分泌物中提取颜料的工艺。

17
色淀颜料
Lake Pigment

指通过用惰性媒染剂沉淀染料的方式制成的颜料。色淀颜料通过动物、植物、蘑菇等有机物加工而来，颜料颗粒不溶于水。

18
甲壳素
Chitin

又名几丁质，是一种含氮的多糖类物质，常见于真菌的细胞壁和节肢动物或昆虫的外骨骼。甲壳素与属多糖的纤维素类似，是使蘑菇能够用于造纸的重要物质。

在人类文明中绽放的蘑菇 Mushroom Blooming in Human Civilization

蘑菇，几乎在人类诞生伊始，就常伴我们左右。早在距今几百万年前，文明尚未形成的旧石器时代，在西班牙马格德林（Magdalenian）文化遗址出土的人类牙齿上就已发现了蘑菇的残渣，这可能是人类最早食用蘑菇的历史；在距今7000年左右的拉德拉加（La Draga）新石器时代遗址中，人们挖掘出了被证实用于火种的蘑菇碎片；在距今约5000年的古埃及象形文字中有了关于蘑菇的记载；在中国，早在仰韶文化时期，人们便已大量采食蘑菇，并且在宋代，就有了专门详细介绍不同蘑菇特性的《菌谱》……

古时的人类对蘑菇有着宗教般的热忱。玛雅人和阿兹特克人将某种致幻菇视作"神的肉"（teonanacatl），并把蘑菇当作图腾来崇拜；在中国，古人也把灵芝视作能够起死回生的仙草。当时的人类绝不可能想到，蘑菇实际上只是庞大真菌王国的冰山一角，是部分真菌生命活动所产生的子实体，是我们肉眼可见的真菌形态。不论是伞状、笔状、耳状、舌状还是球状等，都被人们统称为"蘑菇"。它的出现是为了将数十亿的真菌孢子喷射到空气中，以达到寻找新的生存资源并快速繁殖的目的。

大多数人会误以为生长在土里不动不跑的蘑菇属于植物，实际上真菌被人类科学家独立分成一"界"，与植物、动物、原生生物和原核生物并列，包括酵母、霉菌、菌菇类等。真菌广布于世界，各门类物种之间的形态和生活史都有着很大的差异。它们大多数通过菌丝的延伸，在肉眼难及的地方编织网络、拓展栖息地。

植物只需要阳光、土壤、水分就可以自发地利用光合作用制造养分，茁壮成长，而真菌和动物都是异养生物，不能自行制造食物，只能依赖其他物种存活。所以真菌会与动物、植物或其他真菌产生互利共生或寄生、腐生等交互作用，来获取生长所需的营养，去扩大它庞大的网络身躯，并将后代送出去开拓新的领地。这种对新领地殖民的渴望，将真菌带进了我们的视线内，一夜冒土的蘑菇是大多数真菌为繁殖孢子所进行的生命活动。

蘑菇作为真菌王国抛头露面的使者，给我们指明了地下庞大的生命之网。它深刻地塑造了人类文化，影响了人类历史进程。人类在重新审视蘑菇的同时，也在重新思考蘑菇改变我们世界的潜力。现在，人类逐渐将目光从"种植蘑菇"扩展到"用蘑菇创造"。蘑菇中蕴含的色彩奥秘被广泛挖掘并提取，天然不朽的蘑菇本色在染织艺术的世界大放异彩。此外，人们还成功地利用其制作出皮革、纸、染料、颜料、塑料泡沫包装、建筑材料等。越来越多的设计师和艺术家进入"用蘑菇创造"的领域，希望让这奇异的生命在人类文明进程中继续绽放。

木蹄层孔菌（玛丽·科帕宁）

撒向人间的火种
Sparkles for Human Being

第一章
Chapter 1

或许，
  普罗米修斯撒向
人间的火种
    是一捧蘑菇。

蘑菇碎片

* 携带火种的使者 *

1991 年，一对德国夫妇在意大利北部阿尔卑斯山探险时，发现了一具冰封的人类遗骸。这具冰封遗骸是来自几千年前新石器时代的成年男性，人们将他命名为冰人奥茨（Otzi the iceman），与奥茨一同被"唤起"的还有他行囊中数块早已风干的蘑菇。

冰人奥茨的遗体考古是一个蘑菇与古代人类文明交织的完美案例。奥茨可能是迄今为止世界上最古老、保存最完好的欧洲人类木乃伊，如今他的遗骸仍然持续为我们提供新石器时代的生活细节。他随身携带了 3 种蘑菇，其中在小皮革袋中的蘑菇被鉴定为是加工后的木蹄层孔菌（Fomes fomentarius），这种蘑菇属于多孔菌，因其良好的引火特性被史前人类用来引燃火种。

奥茨行囊中的蘑菇碎片并不是唯一一个蘑菇用作火种的考古记录，在距今大约 7000 年前的拉德拉加新石器时代遗址中也曾出土过 6 种蘑菇碎片，分别为：雪白干皮孔菌（Skeletocutis nivea）、粗拟革孔菌（Coriolopsis gallica）、栎迷孔菌（Daedale aquercina）、里轮层炭壳菌（Daldinia concentrica）、广布灵芝（Ganoderma adspersum）和华氏革裥菌

木蹄层孔菌（玛丽·科帕宁）

10

菇碎片

（*Lenzites warnieri*）。它们均属多孔菌，拥有不同的生态要求以及寄生宿主，所以在拉德拉加发现的大部分蘑菇都是被人有意识收集、运输而聚集在考古点中，并用作火种。在欧洲其他新石器时代的遗址中也曾发掘出多孔菌的碎片，例如，在瑞士的埃戈尔茨维尔4号遗址（Egolzwil 4）和德国的海塔布遗址（Haithabu）中发现了栎迷孔菌（*Daedalea quercina*），在瑞士的布尔加斯基湖南部遗址（Burgäschisee Süd）中发现了华氏革褶菌。众多考古记录表明，历史上，有许多人类群体都曾经将蘑菇作为火种。

冰人奥茨身上携带的木蹄层孔菌是当时北半球最受欢迎的火种蘑菇之一。木蹄层孔菌，菌如其名，是干燥后具有木质特性的马蹄状多孔菌，在所有已被发现作为火种用途的多孔菌之中它有着更好的引燃效果，因此频繁出现在各个人类群体考古遗址中，例如斯塔卡尔遗址（StarrCarr）、帕拉德鲁湖拜格尼尔遗址（Gisement"des Baigneurs"）及苏黎世湖畔的环阿尔卑斯山地区遗址（Zurich-Alpenquai）等地区，时间横跨了中石器时代到青铜时代。

＊生长的火种＊

＊定义

木蹄层孔菌（*Fomes fomentarius*）俗称马蹄菌或火绒真菌，名称源自拉丁语，"*fomes*"意为"火种"。"*fomentarius*"源自拉丁语"*fomentum*"，是"*fomes*"的同义词，指"tinder"，有"火种""药物""热敷""缓和"的意思。从命名上不难看出它的用途——助燃火种，它在人类历史很长一段时间里被用于生火的第一阶段。

* 生长

木蹄层孔菌分布广泛，在非洲北部和南部、北美洲东部、整个亚洲及欧洲地区均可发现它生长的痕迹。木蹄层孔菌是一种寄生在树上的真菌，它最典型的寄生树是硬木，在北方地区常见于桦木上，在南方地区常见于山毛榉上，在地中海地区则以橡树最为典型。

它通常寄生在树龄较老的树上，在选定宿主后，会生长菌丝体通过受损的树皮或折断的树枝寄生到树中，一边从宿主树木身上获取养分，一边持续延伸菌丝，在适宜的时机从宿主外侧长出蘑菇。它在宿主树木因其寄生而腐烂或死亡后仍会持续分解其养分数年，直至宿主完全被摧毁。

对于树木来讲，被木蹄层孔菌寄生意味着寿命将尽，它会随着菌丝体的持续生长而断裂。但对于木蹄层孔菌来说，宿主树木是来之不易的生存资源，所以哪怕宿主因寄生而亡，它也不会轻易放弃，而是将自己的角色从树木"寄生虫"转变为彻头彻尾的"分解者"，不断"吞食"宿主残余的养分。宿主"站立"时，它竖向生长蘑菇，宿主"倒塌"后，它持续平行于地面生长蘑菇。木蹄层孔菌的存活期可达30年，在此期间可以产生孢子，进行繁殖，以继续寻找新的宿主。

不难看出木蹄层孔菌是一种会导致树木腐烂的病原体，有很强的侵略性。但从人类视角来看，它又是另一副面孔，两者之间有着一段又一段引人入胜的传奇故事。

生长在树上的木蹄层孔菌

* 演变

木蹄层孔菌不具备很强的食用性，烹饪后并不美味，但是泡水服用却有着利尿止泻、缓解疼痛和肠胃不适等药用价值。中国、印度、日本等多个国家对此都有记载。

如果将它剖开，可以看到木蹄层孔菌分为三个部分：最外层是表皮层，颜色从灰白至灰黑不等，干燥后质感坚硬；中间层是棕色的蓬松纤维，被命名为"amadou"层；下层是布满细密小孔的多孔层，里面储存着大量的真菌孢子，质感类似软木。其中，被命名为"amadou"的中间层，是本书前三章的主角。

"amadou"源自中古法语"ama-douer"，作为名词有"引诱""火种""点燃"的意思，中文可以翻译为"火绒"，是一种从多孔菌中剥离出的海绵状易燃物质的统称。其中大部分的火绒都是从木蹄层孔菌中剥离而来，因为这种蘑菇的"火绒"层相对厚实。由于其质感蓬松，所以它是整个蘑菇中最易燃的部分。当人们意识到这点时，他们就从把多孔菌劈成小块焚烧，演变为剥离其中最至关重要的火绒来作为火种。当撞击火石迸发的火花落在火绒上，久燃不灭的火种便产生，并可以用来助燃。

随着人类文明的发展，人们还发现了火绒更多奇妙的用途，它的词义也随之丰富，不再仅是"火种"。

火绒还被用于焚烧驱虫。人们在将它用作火种的过程中发现，释放烟雾能让昆虫和野兽昏昏然，古人便赋予其灵性的想象。例如，日本人在流行病时期，会在房屋周围焚烧它来驱除带来疾病的邪灵；在西伯利亚，汉特人会将其与烟草混合吸食；也有不同地区的养蜂人通过焚烧它来安抚蜂群……人们不知道火绒为何有着这样的魔力，据推测，这可能是源于蘑菇的自保智慧，因为木蹄层孔菌往往能够生长几十年，在这漫长的生命周期内为了避免昆虫野兽对自身的生命威胁，它们必然要使出一些"小手段"，比如散发出对昆虫野兽不那么友好的气味。

火绒还是止血剂，一种医疗材料。在古希腊伯里克利时代，一位名叫希波克拉底的古代医生发现火绒能够加速血液凝固，于是他便将焚烧后的火绒涂抹在患者受损的皮肤上，或是用整块火绒给患者的伤口包扎止血。后经证实，它的确具有有效的消毒、抗炎作用，历史上很多牙医、外科医生甚至理发师都曾将其作为伤口敷料。

此外，火绒还可以成为麂皮质感的皮革材料，这使它一度受到中欧及东欧人的青睐。人们收集采摘木蹄层孔菌，剥离出火绒层来制作配饰、帽子与衣服。火绒皮革材料之所以风靡一时，是因为古人没有处理皮制品的先进技术，血腥的动物皮草既对动物很残忍，又笨重，相比之下，火绒皮革从蘑菇中剥离，有着轻盈、柔软的天鹅绒手感和安抚人心的木质清香。

＊火种蘑菇文明＊

时至今日，如果一定要用一句话来概括火绒，我们可以说它是一种由木蹄层孔菌加工而来的蓬松状毛毡材料。它已经不再是火种的代名词，它可以被用作生火的助燃物质，可以是医学敷料，也可以是一

块待被设计的"麂皮"，更可以是一切基于它蘑菇特性和毛毡特性的基础材料。它曾经"点燃"了人类文明史，就像是最初被普罗米修斯撒向人间的那一点火种，代表着神族慷慨地施予人类的最初智慧——有了火种就有了文明，人类文明在此有了延续。

木蹄层孔菌剖面

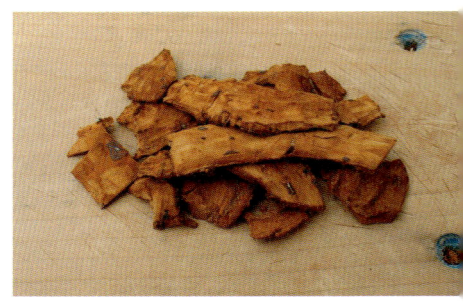
剥皮的木蹄层孔菌

燃烧中的木蹄层孔菌

遗落在蘑菇中的皮革
Lost Leather in Mushroom

第二章

Chapter 2

科伦德工匠拿着木蹄层孔菌（玛丽·科帕宁）

他们在火种蘑菇
　　文明的演变之中
发现了火绒，
　　又用火绒创造了
蘑菇皮革……

* 文明之初 *

　　听起来，从火种应用到皮革应用的跨度是巨大的，很难想象当时的人们在从蘑菇中剥离火种时，是怎样突发奇想尝试用它做块皮革的。但这种手工艺确实存在，也未曾在历史的长河中销声匿迹。直到今天，仍有人传承着这项手工艺，它只是如同众多古法工艺一样在世界的某处角落静默如谜。

　　人类究竟是何时发现了火绒作为皮革材料的应用潜力，又是何时用它加工出第一件皮革装饰品的？这仍然是一个谜团。但我们能够知道，在 19 世纪的中欧和东欧，有许多地区如巴伐利亚、波西米亚和罗马尼亚的人都会用它来制作装饰品、帽子、手套甚至衣服。但是这古老的技艺在漫长的历史长河中已几近失传，目前只在特兰西瓦尼亚东部一个叫科伦德（Corund）的小山村中被保留传承。村民们使用着与当时相差无几的制作工具，将火绒皮革手工艺口耳相授，代代相传。在这里，工匠们往往以家庭为单位，有着明确的男女分工：男人负责去森林中采摘木蹄层孔菌，进行剥皮、捶打、揉碾等一系列工序，将子实体中的火绒层剥离出来并加工成一块完整的、有待被设计的皮革材

火绒之树（玛丽·科帕宁）

料。女人则负责后续的设计制作。她们通常将完整大块的火绒皮革用于帽子、衣服、包的制作，将剩余的边角或者小块的火绒皮革碎块烫印上传统繁复的图案，再制作成装饰品或大件皮革制品的配饰。

* 古法蘑菇皮革：寻找 *

对于科伦德的男性工匠来说，制作蘑菇皮革有一半的努力都要耗费在寻找合适的蘑菇上面，而在森林中快速地寻找到想要的蘑菇往往是一场林地探险。他们既要从众多树木中找到被蘑菇寄生的那棵，又要辨别寄生的蘑菇是否是他们想要的那个，哪怕找到了正确的蘑菇，也要根据经验来判断它是否有足够优质的火绒层，因

科伦德工匠采集木蹄层孔菌（玛丽·科帕宁）

为这种完全依靠自然赋予的产物充满着不确定性。

为了更高效地进行采摘，工匠们在日积月累的经验中找到一种好办法：根据自己经年的探寻路线，以及木蹄层孔菌的生长习性，让蘑菇成为GPS（全球定位系统），为他们定位出一份专属的蘑菇地图。

木蹄层孔菌通常寄生在树龄较老的树木上，于它而言，找到一个条件适宜的宿主也不是一件信手拈来的事，所以哪怕将它从树木上采下，留在树木中的菌丝也会在几年之后在相同的地方重新长出蘑菇，并且，随着它寄生年份的增长，它还会持续不断地在树木上生长出新的蘑菇来，不断刷新自己的"侵略旗帜"，炫耀着自己的"领地"。

这正是巧妙之处，它的这一执着对于寻找它的科伦德工匠来说，便成了一种独特的定位系统。他们看见了它竖起的"旗帜"，并在心中牢牢地将它所在的宿主位置记住：因为这些树木通常能很好地满足木蹄层孔菌的生长需求，在未来持续为它们提供新的子实体。工匠们称这些树木为"火绒之树"（amadou tree），这些"火绒之树"就像是蘑菇赐予他们的独特的GPS一样，让他们不必每一次都在森林中漫无目地重新寻找蘑菇，而是在每一次的林中穿行中将足够优秀的"火绒之树"的位置记在心中，在经年积累的经验中形成一张属于自己的"火绒地图"（amadou map）。

＊古法蘑菇皮革：剥制＊

火绒皮革的原材料——木蹄层孔菌的采摘问题解决了，接下来要应对的便是火绒的剥离问题。在采摘足够量的蘑菇后，工匠们将它们带回家并储存在密封袋中让蘑菇"发汗"，从而杀死可能隐藏在其中的虫子以便储存。在此之后蘑菇便可以被较长时间地储存下来，直到需要被拿出来剥离火绒。

剥离火绒时，男人会将一块坚韧的皮制护膝绑在膝盖上，将脚踩在一根圆木上，将膝盖抬高至胸前，随后将蘑菇抵在膝盖上并拿起一把月牙状的镰刀开始剥皮。

随着蘑菇坚硬的灰色外皮和它与树木连接的木质多孔层渐渐剥落，褐色天鹅绒

科伦德工匠剥离火绒

科伦德工匠揉碾火绒（玛丽·科帕宁）

20

质感的火绒层开始显露，工匠会将火绒层顺着木蹄层孔菌的"年轮状"层次切断，并且对随之得到的火绒材料进行捶打，以放松纤维。

然而，这个剥离过程并不会永远顺利，科伦德的工匠表示，有时费力将表皮剥离下来才发现，蘑菇内部的火绒已被虫子蛀掉，这是工匠们最讨厌的事情。

剥离出完整的火绒后，就进入男性工匠负责的最后一道工序——揉碾。工匠会抓住它的两端将之拉伸至原长度的两倍，在手上轻柔地按圆周旋转，将其碾展成薄片材，再将它在水中浸泡几天以进一步放松纤维，达到更好的延展性。

至此，一块完整的天鹅绒质感的火绒皮革原材料便制作完毕，接下来，它会被送到女性工匠手中，进行后续更为精细的设计加工。

* 古法蘑菇皮革：设计 *

女性工匠在拿到剥制好的火绒皮革原材料后，首先会根据它的形状、大小来构思用途。

小片零碎的火绒会被用来制作各种配饰。女性工匠拥有许多雕刻了精美传统纹样的木条，这些木条是火绒皮革产品制作工序中不可或缺的一环。工匠们将小块的火绒放置在木条上方，用熨斗进行烫印，将生动的图案烙印在火绒皮革上，再沿着图案的形状进行裁剪，如此，一块火绒皮革配饰便做好了。

科伦德工匠雕刻纹样的木条

大块完整的火绒会被用来制作帽子、钱包等皮具。在制作帽子时，女人们将大片火绒熨烫平整，然后趁着它还有一定水分时覆盖在由木桩雕刻而成的头部形状模型上进行干燥定型。

干燥后的火绒会带有轻微的木质属性，能够让它定型成帽子的形状，并便于工匠进行设计与装饰。在帽子制作完成后，她们还会通过火的熏烤来改变颜色，使成品变得更加精美。

以上便是一件火绒皮革工艺品诞生的整个过程。科伦德的工匠们对待工艺有着近乎虔诚的执着，一直坚持着从19世纪以来延续至今的古老手法，几乎没有改变。他们对这项手工艺有着极大的自豪感，他们知道蘑菇的秘密，热衷于将自己的手艺展示给所有愿意了解它的人，他们欢迎游客的来访，为他们讲述关于蘑菇的故事。

火绒皮革配饰

绒皮革帽子模具

也许，科伦德工匠的热情也像是一种隐喻：隐匿在科伦德山村中的他们极有可能是这个世界上唯一还在和这种蘑菇打交道的人，他们无私的分享精神就像蘑菇一样，坚硬的表皮将宝藏般的火绒包裹在身体内部，于林中静默，却又慷慨地向尝试了解它的人敞开心扉，甘愿成为一点火种，点燃文明，并给予人类文明诸多可能，它是神明遗落人间的神迹。

绒皮革帽子

因被木蹄层孔菌寄生而断裂的树（玛丽·科帕宁）

＊文明落幕＊

科伦德山村一直传承着这项蘑菇皮革手工艺，他们很爱火种蘑菇，更爱自己的手工艺，但是这项手工艺没有迎来梦幻的永恒，正在濒临消失。工业化的尘嚣终究覆盖了这座淳朴的山村，年轻人奔向城市，年迈的工匠在逝去，在过去的 30 年内，科伦德从事这项手工艺的家庭数量锐减，从原来的 70 多家到如今仅剩下 7 家。

工业化的发展一方面导致森林被大面积砍伐，蘑菇只有越来越少的栖息地，工匠的"火绒之树"也随之遭到破坏；另一方面，全球变暖让气候不再像从前一般适宜蘑菇生长，从前工匠甚至能够采摘到足够做成一米长火绒床垫的蘑菇，而现在这已不再可能。

还有，工业化商品取代了传统工艺品，人们对火绒皮革的需求量变小，不再需要那样多的工匠传承这项手工艺制作。

似乎，火绒皮革工艺的消失已成定局。"火绒之树"的信号逐渐微弱，"火绒地图"的路线也随之瓦解。7000 多年前被点燃的火种如今几乎火灭烟消，难道传统古法工艺的命运只有被工业化席卷，从此销声匿迹吗？那可是神遗落的火种蘑菇，它在这个世界生存的时间比人类长得多。如今，它只是转身走向了森林深处，期待着下一批发现它奥秘的人走进去，将它采摘……

科伦德工匠在森林中（玛丽·科帕宁）

玛丽·科帕宁
Mari Koppanen
生于芬兰，现居挪威

"我认为将会有或已经有一场正在进行的生物材料革命。我希望能成为一名使者，将这类材料传播给更多的人。"

玛丽·科帕宁于 2019 年硕士毕业于奥斯陆国立艺术学院（Oslo National Academy of the Arts）室内建筑与家具设计专业，目前正在奥斯陆国立艺术学院攻读艺术研究博士学位，专注于研究真菌材料和细菌纤维素。她是一位极富人文色彩的设计师，更关注和思考文化层面的产出，致力于在生物材料的应用中融入创新技术和工艺，并促进大众对其社会、文化和生态意义的深入理解。她为生物材料的可持续发展、当代设计和生产实践做出了很大贡献。

个人网站: marikoppanen.com

一场火绒皮革的
文艺复兴

A Renaissance of
Amadou Leather

第三章

Chapter 3

她在森林中漫步，

　　采下一朵写满宿命的蘑菇，

她随之连接火绒的信号，

　　掀起了一场文艺复兴……

＊ 写在宿命中的蘑菇 ＊

　　曾在人类文明过程中留下浓墨重彩的火绒，现在已逐渐淡出人们的生活，但就在它即将转身隐入森林时，它与一位设计师不期而遇。

　　玛丽·科帕宁（Mari Koppanen）是一位极富人文色彩的芬兰设计师，从小被鼓励进行动手创造的家庭背景培养了她对手工工作的无限兴趣，并促使她持续进行着服装和家具的设计工作。在设计的过程中，玛丽更注重设计本身的人文价值而不仅仅是功能与美学。所以，她与有着悠久历史的火绒皮革材料的相遇，就像是早已写在宿命之中，她注定会为这个几近落幕的蘑菇文明掀起一场有关蘑菇火绒的文艺复兴。

　　"我是一个会讲故事的人，我的设计灵感往往来自某种材料或技术的故事或历史。我的设计往往与社会、文化、历史或具有象征性价值的事物有关，而不仅仅是功能和美学。我最初被火绒吸引是因为它丰富的历史和文化意义。火绒的各种悠久用途，如药用价值和生火能力，令我着迷。与这种独特材料相关的故事和习俗给了我灵感，我想更深入地挖掘它作为艺术表达媒介的潜力。"

火绒皮革材料（玛丽·科帕宁）

火绒碎片（玛丽·科帕宁）

2017 年是玛丽与火绒相遇的第一年。当时，她正在奥斯陆国立艺术学院攻读硕士，想为自己寻求一种更灵活、更自然的设计材料。基于自己的家居设计背景以及服装纺织设计背景，玛丽选择了火绒皮革材料。但初次体验并不是一帆风顺，她由于没有足够称手的剥离工具，也没有科伦德工匠熟练的剥离手艺，更糟糕的是采摘的蘑菇也并不理想，所以第一次尝试仅仅剥离出一块碎小的火绒。玛丽说：

> "这真的是一项艰巨的工作。看起来非常简单，但当我开始制作时，却花了整整一天的时间，只剥离了一个蘑菇，只得到一小块拇指大的蘑菇皮革碎片。我完全惊呆了，但仍然决定继续做它。"

不管多困难，这朵充满人文色彩的蘑菇始终深深吸引着玛丽。她在大学期间的各种课程都选择了与之相关的主题，并决定在硕士学习生涯的最后一年去火绒皮革最后的传承地——科伦德山村。她想与当地人建立合作关系，切身感受当地文化和人文精神，学习工匠的传统手艺，因为她想与火绒一起工作。

《我们一起生长》纪录片预告片段（玛丽·科帕宁）

* 深入 *

2019 年，玛丽终于来到了火绒皮革手工艺的起源地——科伦德山村，在那里和当地工匠一起生活与学习。玛丽说：

"科伦德山村的自然风光非常美丽。清晨，当太阳升起时，我们驱车前往山区开启寻找火绒之旅，驻足拍摄粉红色的天空，那里美不胜收。"

在这趟探索传统手艺的旅途上，她与她的姐姐——电影制作人卡特丽（Katri）合作，创作了一部关于火绒皮革工艺的纪录片：《我们一起生长》（*We Grew Together*）。纪录片以引人入胜的视觉叙事方式，深入探讨火绒皮革的世界，重点介绍村里最古老的火绒皮革工匠的工作，记录了从采蘑菇到加工成皮革的整个制作过程。在拍摄纪录片的过程中，玛丽目睹了工匠的工作过程，学习他们的专业知识，完全沉浸在当地的习俗与传统中，这对她的艺术创作产生了很大影响。火绒于玛丽而言，不再只是创作灵感，她决心将这项古老的手工艺传承下去，并融入自己的作品中，在濒临失传的传统技法和现代设计之间架起一座桥梁。

坦塔（TANTAR）

她和工匠合作的第一个火绒作品便是坦塔（TANTAR）。"Țânțar"在罗马尼亚语中是"蚊子"的意思。玛丽基于火绒数千年之久的火种应用历史以及它焚烧后可镇静驱虫的作用，创作了一个火绒驱虫手环。手环由陶瓷容器制作而成，造型优美，碎小的火绒片材能够从容器底部进入容器内部，容器上方有着利于扩香的孔洞设计，焚烧中的火绒可以由此散发木质清香气味，从而达到驱蚊镇静的功效。

她的这一设计让曾被点燃过的火绒火种焕然一新，将它再次带回到了现代社会中。

坦塔（玛丽·科帕宁）

福姆斯（玛丽·科帕宁）

福姆斯（FOMES）

得益于家具设计的背景，玛丽又与工匠合作创作了一套火绒皮革家具——福姆斯（FOMES）。"*fomes*"是"层孔菌"的意思，源自木蹄层孔菌的学名。这一套家具由一长一短两个座椅组成，座椅的腿部采用火绒皮革，并与同样象征柔软却质感不同的羊毛相组合。

区别于传统工匠将火绒完整用于制作帽子、皮包等饰品，玛丽通过将火绒皮革与其他材质混搭，把它带入现代家具设计中。

感官碗（SENSORIAL BOWLS）

在我们的常规认知中，碗具通常是陶瓷或木质的，很难想象皮革如何能够应用。但玛丽在感官碗的创作中，打破了火绒皮革的固有应用逻辑，将它运用到碗具设计中。她以桦树树瘤常被人砍伐并被制作成木碗为灵感来源，将同样寄生于桦树的火绒剥离，并利用火绒干燥后会有轻微木质化及防水的特性，制作出造型优美独特的"木碗"。

通过这一作品，玛丽不但实现了火绒皮革的全新应用，还将生态平衡的观点抛向大众，引起人们的反思——树瘤的无序砍伐会造成生态破坏。

感官碗（玛丽·科帕宁）

拜尼（玛丽·科帕宁）

拜尼（BYNI）

　　玛丽的作品"拜尼"是将火绒材料通过环保装订胶水与桦树材料相结合制作而成。桦树是木蹄层孔菌的典型宿主，玛丽让两种材料以另一种形式重新结合。

*** 不经意间的创新 ***

随着与火绒合作的深入，玛丽不再满足于以一成不变的手法和技艺来运用材料，她开始通过实验改变火绒材料的形式。

改变火绒材料的灵感来自在剥离过程中产生的碎小的火绒材料。因为，将蘑菇加工成火绒材料看似简单，但其实并不容易，其中最大的挑战便是如何更熟练地掌握剥离的步骤，以便在不损坏材料的情况下获得完整的、高质量的火绒。

这个挑战一直以来也同样困扰着传统工匠们。在传统的火绒工艺制作中，工匠十分看重从蘑菇中剥离出的原始火绒材料的完整度。他们祈祷蘑菇的质量足够优秀，祈祷艰难剥离出的火绒不要被虫蛀，因为如果剥离出的火绒材料过小，就只能用于小饰品的制作，材料够大、够完整才能被用于制作大尺寸的物品。

火绒材料创新实验（玛丽·科帕宁）

但对于玛丽来说，即便是那些小到无法进行加工制作的火绒"边角料"，依然是珍宝般的存在，她都不舍得丢弃。因此，她做了一个对于火绒皮革工艺而言颇具创新性的大胆尝试——将这些"边角料"打碎。

玛丽用家用搅拌机将那些碎小的火绒打碎成纤维，打碎后的火绒纤维松散，有着棉花一样柔软、蓬松的质感和天鹅绒一般温暖的触感。

她还尝试将打碎的火绒与不同的材料混合创造复合材料。被打碎加工后的火绒复合材料失去了原有的天然纹理，但材料的质感与特性因此更为多变。

打碎的火绒与纤维结合（玛丽·科帕宁）

复兴

    受服装设计专业背景影响，玛丽在应用材料时，常会尝试挖掘材料的纺织潜力。她曾试图将打碎后的火绒材料纺织成线，用于制作纺织品。但破碎的火绒纤维结构断裂，十分蓬松，很难纺线。所以目前没能突破纺线这一难关。但这一尝试令我们看到火绒在皮革以外的可能性和潜力。

    可以说玛丽的材料创新实验，已经不仅仅是在进行火绒皮革工艺的传承，她在有意识地复兴这一材料，试图让其以一种更符合现代工业化模式及审美的方式重新立足于世界。

* 她慢慢变成蘑菇 *

"也许，我正在变成蘑菇。"

这可能是一种神奇的契合。在深入研究火绒后，玛丽说：

"我真的很喜欢蘑菇，因为与它一起工作，我觉得我开始成为一朵蘑菇。"

在玛丽慢慢变成蘑菇的这些年，她一直努力尝试在人类和蘑菇之间搭起一座桥梁。她渴望成为"蘑菇的信使"，通过自己设计师的背景以及更现代的审美来诠释蘑菇，她希望赋予这种古老的材料新的生机，让它以一种更易被人了解并能够让人产生共鸣的方式立足于现代社会。她在和蘑菇进行着一场关乎存亡的合作。

玛丽除了对火绒材料本身的创新与实践之外，还有另一个新的研究方向：与心理学家合作，试图从精神层面剖析她对蘑菇不可名状的亲近与喜爱。

这项研究的初衷源于玛丽向人们宣传火绒皮革工艺的切身经历。玛丽带着蘑菇参加过各种展览和研讨会，令她意想不到的是，所有第一次接触火绒材料的人都对它产生了极大的好奇心和亲切感。他们会捧起火绒并将它放置到身体最柔软的地方，比如胸口，然后用手指或脸颊来轻轻摩挲它。这让她产生了极大兴趣，她想弄明白，为什么这种材料会如此具有魔力般地吸引人们。

这项研究目前处于初级阶段，还没能够形成足够有力的数据支撑。但她说，从

《我们一起生长》中的玛丽与木蹄层孔菌（玛丽·科帕宁

事心理学及医疗保健研究的人员都一致认为火绒对人类身心具有平复和疗愈作用。

蘑菇所属的真菌是一个独立的王国，它区别于植物也区别于动物。但是，比起植物，蘑菇与动物有着更近的亲缘关系。真菌很可能是像我们人类"亲戚"一样的存在。真菌作为真核生物，与人类细胞具有相似性，这可能解释了为什么迄今为止很难开发出对人体病原真菌有效且对人体无伤害的抗生素。

又或者，我们身体中的真菌、细菌等微生物的数量比人体细胞还多，虽然我们被称作"人类"，但身体更像是人类与微生物共生的生态系统。也许我们体内的这些微生物无形之中驱使着我们无条件地对蘑菇放下戒备，去亲近它。

木蹄层孔菌的生长方式或许也暗示着这一点：它寄生于树木生长，人类亦寄生于自然生长；人与真菌共生，与自然共生。万物一起生长。

道上的木蹄层孔菌（玛丽·科帕宁）

摄影师：杰克·维内格尔

朱莉·比勒
Julie Beeler
美国

"我是一名炼金术士。我通过种植和收获、观察和
采集温炖自然，释放它的色彩，激发植物不可估量的潜
力。我改变了自然世界，自然世界也改变着我。"

朱莉·比勒于 1970 年出生于美国俄勒冈州波特
兰市，本科毕业于太平洋大学平面设计和艺术史专业
（Graphic Design & Art History, University of the Pa
cific, Stockton, CA）。她从小热爱自然，在结束太平洋西
北艺术学院和俄勒冈艺术与工艺学院的教学工作后，她
便专注于天然染色艺术，并因此进入蘑菇染色领域，目
前已从 40 种蘑菇中提取出 825 种颜色。

个人网站：juliebeeler.com

蘑菇生万色
Mushrooms Bloom in Myriad Hues

第四章

Chapter 4

另一个能让蘑菇在人类文明史大放异彩的工艺就是染色。

1856 年，英国科学家威廉·亨利·珀金（William Henry Perkin）意外从煤焦油中制造出世界上第一种合成色素颜料："苯胺紫"（mauveine），随后越来越多的合成色素、染料和颜料被制造出来。

但在此之前，人们使用的所有颜料都来自自然，以动物、植物、矿物质等天然原料制成，这种从含有色素化合物的生物中提取色素，对被染物进行染色的方式被称作天然染色。人类使用天然染料的历史，最早可以追溯到旧石器时代，蘑菇仍在其中占据一席之地。

法国国家科学研究中心（CNRS）研究员多米尼克·卡尔东（Dominique Cardone）查阅历史手稿，做了大量研究，发现蘑菇曾用于染色，一些能够提取出紫色的多孔菌甚至被人为种植在塔克拉玛干（Taclemankan）沙漠中，作为商品在丝绸之路上被交易。此外，早在维京时代（790—1066 年），芬兰人便用施**魏暗孔菌**（*Phaeolus schweinitzii*）提取了绿色、黄色、棕色等一系列颜色；自 16 世纪以来，墨西哥的萨波特克人（Zapotec）也形成了天然染织传统，从高大环柄菇（*Macrolepiota procera*）中提取红棕色为纺织品染色……

苯胺紫

多样蘑菇（朱莉·比勒）

* **"蘑法"现世** *

已故的美国艺术家米里亚姆·赖斯（Miriam C. Rice）是现代蘑菇染色的开山鼻祖，她于 20 世纪 60 年代首次成功从蘑菇中提取色素后，就踏上了蘑菇奇幻之旅，制作并收集了大量的蘑菇染色纤维样本。不但用蘑菇制作出水彩颜料，还创造了一种"菌画笔"（Myco-Stix）。她撰写了首部蘑菇染料权威著作《蘑菇的颜色》（*Mushroom for Color*），包含了可用于染色的蘑菇图解和染色色卡，被真菌学家广泛引用。米里亚姆还开创了蘑菇造纸，她的《用于染料、纸张、颜料和菌画笔的蘑菇》（*Mushrooms for Dyes, Paper, Pig-ments and Myco-Stix*）至今仍被蘑菇爱好者们奉为经典。

米里亚姆系统总结了蘑菇染色和颜料提取工艺，并将自己宝贵的经验展现在大众面前，世界各地的染色艺术家通过她的书籍打开了"蘑法"之门，开始尝试在蘑菇之中绽放属于自己的色彩。来自美国的当代艺术家朱莉·比勒（Julie Beeler）便是其中一位。

"我偶然读到米里亚姆·赖斯写的一本书，她在 20 世纪 60 年代末开创了用蘑菇染色的现代运动，我跟她学习了如何使用蘑菇染色。同时，我正在学习和参加蘑菇识别课程。这一切都积累在一起，我采集蘑菇，为纤维染色，然后制作艺术作品。"

朱莉是一位来自美国的艺术家、设计师以及教育家，她于 1970 年出生于俄勒冈州波特兰市，有着丰富的职业经历。她是一名设计师，曾为博物馆和文化机构制作网站、应用程序、互动装置和视频，同时她又是一名教育工作者，在美国教授攻读美术硕士学位的学生，她还是一名花

美国艺术家米里亚姆·赖斯

朱莉的农场（朱莉·比勒）

朱莉的艺术实践工作室（朱莉·比勒）

农，拥有一个属于自己的农场，她住在那里，种植各种植物，这让她更加沉浸于了解土壤中发生的事情。现在，她拥有自己的艺术实践工作室，用蘑菇以及其他天然材料进行色彩浸染实践。

对于为什么突然想去研究蘑菇，朱莉回忆，有一天她在徒步旅行时，走在一条到处都是蘑菇的路上，就像《绿野仙踪》里描述的那样，黄砖路，两旁都是蘑菇。她驻足，发现自己认识很多花卉、树木，但不认识任何一朵蘑菇，她觉得是时候走进真菌的国度了。

朱莉采摘蘑菇（朱莉·比勒）

* 尝试 *

朱莉在进行蘑菇染色之前，并没有很多天然染色经验，她在家中完成了初次实验。朱莉说：

"现在回想起来，不应该这样做。我用做饭的锅将蘑菇煮沸，锅里到处都是泡泡，空气中弥漫着一股难言的味道，我感觉失败了。但我还是将布料放进了这一锅冒着泡的蘑菇染浴中，再次将它拿出来，它就变成了紫色。我非常兴奋，这是一个非常疯狂的实验，显然我并不知道自己在做什么，但我还是从中获得了颜色。"

朱莉第一次进行蘑菇染色使用的是珊瑚菌（coral mushroom），这是她在染色前一天采集到的，首次的成功鼓舞她去收集更多珊瑚菌回来进行实验，然而她没能如愿获得颜色。当时，朱莉完全意识不到哪一步做错了，就好像"蘑法"失灵了。

* 深入 *

　　失灵的"蘑法"让朱莉认识到与蘑菇打交道需要通过多种方式。她更仔细地阅读米里亚姆的书，遵循其中讲述的步骤，通过多次实验，慢慢如愿获得了越来越多属于自己的颜色，也渐渐有了一些自己的领悟。比如，她了解到色素化合物是产生颜色的原因，不同的色素化合物能够产生不同的颜色，而蘑菇能够被用于染色是因为其中含有多种色素化合物，因此，她可以通过改变染浴环境的方式，提取出蘑菇中不同的色素化合物，从而获取不同的颜色。然而，蘑菇种类是庞杂的，变量因素使得同一种蘑菇中能够提取的颜色也是多变的，因此，朱莉花费了很多年的时间来与蘑菇打交道，并在实验过程中记下了详

莉在野外采集到的蘑菇（拍摄：朱莉·比勒、凯莉·特索）

01 → 准备蘑菇

02 → 蘑菇切成小块

03 → 加水

蘑菇染色步骤（朱莉·比勒，拍摄：凯莉·特索）

04 → 温水蒸煮

5 → 取出染浴

06 → 将纤维放入染浴

7 → 取出染好的纤维

08 → 晾干

朱莉蘑菇染色纺织艺术品：

真菌基岩（Fungi Bedrock）

尽的染色笔记。

　　在探寻蘑菇染色的旅途中，朱莉不断采集蘑菇并加工，温火炖煮蘑菇，并将纺织纤维浸染其中上色，一切就绪后将之与自己的纺织纤维设计融为一体。她的一系列蘑菇染色的纺织品充满了大地色彩与植物印花，层层相叠，色彩斑斓，她运用传统文化与古老的天然浸染手法，精心地将蘑菇染制的纺织材料进行裁剪、缝制，展现丰富的图案、纹理与色彩。

　　＊百变"蘑法"＊

　　就像米里亚姆那样，朱莉在深入蘑菇染色领域后，自然而然地开始探索蘑菇染色的更多潜力，她开始尝试用蘑菇中的颜色制造颜料。

　　历史上，人们一直在尝试制造颜料。法国人用紫胶虫（Kerria lacca）的分泌物提取出了紫色颜料，他们将这种制造工艺称为"紫胶"（Lac），不知何故，被翻译成了"lake"。总而言之，用这种叫"湖"

真菌地层（Fungi Strata）

真菌堤坝（Fungi Dike）

真菌地层（Fungi Strata）

真菌地层（Fungi Strata）

真菌共生（Fungi Symbiosis）

真菌地层（Fungi Strata）

真菌地层（Fungi Strata）

蘑菇颜料颗粒（朱莉·比勒）

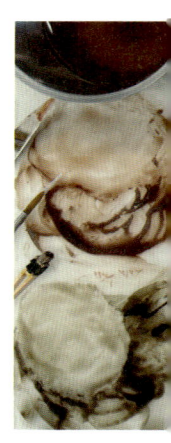

将蘑菇颗粒加工成绘画颜料（朱莉·比勒）

蘑菇绘画颜料（朱莉·比勒）

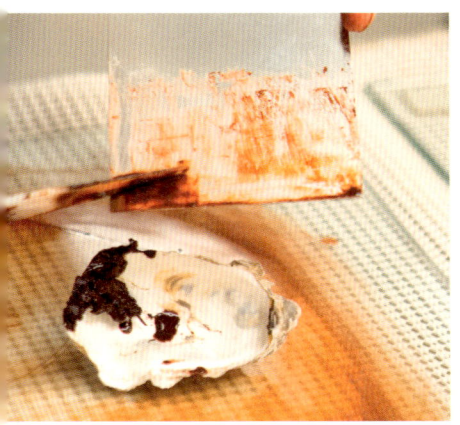

朱莉正在收集做好的蘑菇颜料（朱莉·比勒）

制作蘑菇颜料色卡（朱莉·比勒）

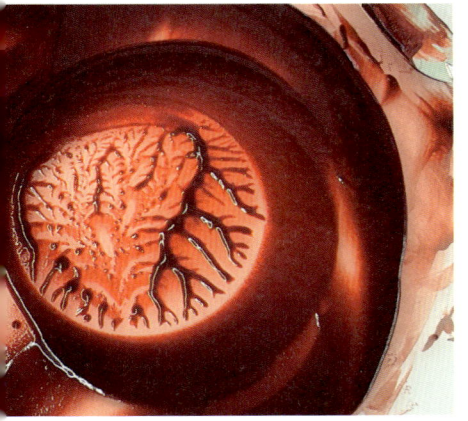

蘑菇绘画颜料（朱莉·比勒）

的沉积工序提取颜料的方法，就是朱莉所使用的颜料制造方法，用这种方式提取出来的颜料被称作"色淀颜料"（lake pigment）。

朱莉的"湖"制作过程是，在温火炖煮的蘑菇染浴中添加能够使色素化合物更易附着结合的媒染剂，作为色素化合物"着陆"的基质。之后用纯碱让染浴中附着在媒染剂基质上的色素化合物凝结、变重并沉淀下去。这些沉淀的物质，就是颜料颗粒。接下来只需要将沉淀物上方的液体倒掉，将颜料颗粒过滤出来，冲洗干净晒干，便得到了粉末状的颜料。随后，可以在颜料颗粒中添加不同的黏合剂以获取水彩颜料、油画颜料甚至是丙烯颜料。

朱莉常常会称自己为一个"炼金术士"（alchemist）。事实也的确如此，她就像一个女巫，用了某种魔法从蘑菇中提取颜色，将不为人所关注的材料转化为神奇的圣水。

目前，朱莉已从 40 种蘑菇中提取出 825 种不同的色彩，而现已知的蘑菇物种约有 14 000 种，这就是说，蘑菇几乎能够提供无穷无尽的色彩，哪怕是天然染料中罕见的蓝色都已被真菌学家从亚齿菌属（Hydnellum）蘑菇之中提取出来，它是属于蘑菇的独一无二的颜色。而且，一些从蘑菇中提取的颜色较之天然草木植物染料，有着天然的耐光性、耐洗性和更佳的固色度。它们是自然的绝佳馈赠，是现世的百变"蘑法"。

从蘑菇中制取的绘画颜料（朱莉·比勒，拍摄：凯莉·特索）

Pleurotus ostreatus

Psilocybe ovoideus

Gymnopilus ventricosus

Hypomyces lactifluorum

Panaeolus schweinitzii pH 9

Hydnellum peckii

蘑菇色淀颜料原料和色卡（朱莉·比勒，拍摄：米瑞·瑞亚尔斯）

* "蘑法"色卡 *

"蘑菇色彩图集,将我对纺织品、蘑菇以及交互媒体的热爱结合在一起,用于教育并作为一种资源,我希望当人们想做类似的事情时,他们能够以此为参照。"

2020 年年底,朱莉从教学岗位上退休了,她因此有了更富余的时间来进行染色实验,看着自己日渐厚实的蘑菇染色笔记,她萌生出一个想法——将自己这么多年来花费心血总结的经验像米里亚姆一样分享出去,帮助更多的人。

于是,朱莉运用自己作为设计师的丰富工作经验,制作了一个可以说是开辟先河的资源网站——"蘑菇色彩图集"(The Mushroom Color Atlas)。目前,这个网站上记载了朱莉从 40 种蘑菇中提取出的 825 种颜色,其中包含了同一种染料使用不同的媒染剂和在不同纤维介质上所表现出的不同颜色,以及朱莉对不同染色对照组进行染色的实验心得。

这一凝结了朱莉多年心血的网站为所有蘑菇染色爱好者提供了资料与参考,是意义非凡的资源。朱莉也将它视为助教工具,融入自己的染色工作坊与研讨会中。

* 难以捉摸的染色"蘑法" *

"她正在温炖自然,将每一根丝线注入蘑菇的能量,绽放属于蘑菇的色彩。"

在真菌王国中,我们已知存在着超过

朱莉正在制作蘑菇色卡(朱莉·比勒,拍摄:布莱德·约翰

蘑菇染色色卡(朱莉·比勒)

蘑菇与蘑菇色卡（朱莉·比勒，拍摄：米卡·费舍尔）

14 000 种蘑菇，不同蘑菇中蕴含着不同的色素化合物，用不同的提取方式、染色媒介，亦能够从同一蘑菇中提取出不同的颜色。总而言之，任何一个因素的变化，都可能会导致颜色的变化。

朱莉第二次染色失败就是因为珊瑚菌只有在新鲜时才能够被提取出水溶性色素，晒干后这些色素化合物也随之没了。这就是她"蘑法"失灵的原因。

蘑菇染色是一门很大的学问，关于如何从蘑菇中提取染料，没有固定的规则或配方，随机的变量或染制工艺的叠加都有可能会导致不同的结果。与蘑菇共事的每一刻都充满着不确定性与机遇，需要足够的经验与技艺来解码，并接受蘑菇所赐予的所有意外与惊喜。

依照朱莉多年来的染色经验，可以大致将影响蘑菇染色的变量分为内在因素与外在因素。内在因素主要指蘑菇所含有的色素化合物；外在因素大致包括染浴 pH 值、媒染剂、纤维种类等。

* 内在因素：蘑菇与色素化合物 *

色素是吸收特定波长的光并反射剩余脉冲可见光谱的分子，天然色素是从自然资源（如动物、植物以及微生物）中获得的色素。

在自然界中，天然色素通常以单体（如类胡萝卜素、黄酮、卟啉、叶绿素和血红蛋白等）和聚合体（如黑色素、鞣酸类和腐殖质等）形式存在，并具有多种生物学功能，比如利用太阳能进行新陈代谢和保护生物体免受辐射伤害。微生物产生色素主要是为了抵御不利的生长环境，提高生存能力，所以微生物源色素具有抗菌、抗癌、抗辐射和抗氧化等潜在的生物活性。蘑菇作为微生物界真菌王国的主要成员，同样具有这些生物潜力。

在蘑菇染色领域，不同蘑菇中含有的色素化合物种类决定了最终能够从这种蘑菇中获取到的颜色的范围。一些真菌学家通过研究发现，与植物相比，很多蘑菇都含有多种色素化合物，这使得它们拥有更好的色域深度和范围，也让我们能够从同一种蘑菇中分离出不同的色素，获取更丰富的颜色。

例如，半血红丝膜菌（*Cortinarius semisanguineus*）可能含有多达 14 种不同的色素化合物，每一种化合物都会对颜色产生影响，而目前人们真正了解到的只有其中的 4 ~ 5 种。

此外，在真菌王国，有一种叫作三联苯醌（Terphenylquinones）的色素化合物，它能够产生蓝色、紫色和绿色，这种色素化合物主要存在于真菌王国。这是一件非常有趣的事情，我们可以拥有带有蘑菇特性的天然蓝色。

蘑菇的不同部位、蘑菇的年龄也间接影响着蘑菇中色素化合物的发育，并影响我们最终获取的颜色。朱莉在采集染色蘑菇时不会采集那些"年轻"的蘑菇，而是寻找更为成熟的蘑菇，因为"年长"的蘑菇色素化合物发育更成熟。

有些蘑菇看起来色彩丰富，但可能从中提取到的颜色却是温柔的米色、黄色；有些蘑菇看起来灰扑扑，却可能会从中提取出亮眼的紫色、红色……你永远想象不到，一朵看似呆板平庸的蘑菇能够带来怎

多样的蘑菇（朱莉·比勒，拍摄：凯莉·特索）

野外采集的蘑菇（朱莉·比勒，拍摄：凯莉·特索）

样的惊喜。但从本质上来说，这些奇妙的变化都是源自蘑菇中的色素化合物。

* 外在因素 *

颜色的变化不仅与蘑菇中的色素化合物有关，还与不同的纤维、媒染剂和染浴 pH 值有关。因此，我们可以通过改变这些外在因素条件，从蘑菇中提取更为丰富的色彩。

例如，那些不能够提取出颜色的蘑菇，不意味着它们不含有色素化合物，只是它们含有的色素化合物不溶于水，所以我们无法通过浸染的方式将色素提取出来；有些色素对高温热量反应不佳，因此我们也无法通过高温沸煮捕获这种色素；还有一些蘑菇色素，例如我们熟知的见手青（*Lanmaoa fragrans*），它切开时是白色，但很快就变成了蓝色，这是氧化引起的；还有一些色素化合物具有"逃逸性"，人们能够捕获到它，但是随着时间的推移，或由于暴露在阳光下，或经过水洗，它便会消失；还有些纤维被蘑菇浸染后不会染上任何颜色，但被高温熨烫后又会显现出美丽的颜色……这些色素化合物就是如此让人琢磨不透，怎样能够让它们更持久正是人们长久以来努力解决的问题。

在与蘑菇打交道的这么多年里，朱莉详细总结了可以对蘑菇颜色进行人为调控的诸多变量和因此得到的不同制取结果。

蘑菇与蘑菇色卡（朱莉·比勒，拍摄：米瑞·瑞亚尔斯）

"我在染浴中放上柠檬酸，会得到一
种颜色，如果放上纯碱，又会变成
另一种不同的颜色。因此，我们可
以改变环境和溶液使蘑菇产生不同
颜色。"

　　通过改变染浴的 pH 值，就能从蘑菇
中提取出不同的颜色。最常用的碱性调节
剂是纯碱，酸性调节剂是醋酸和柠檬酸。
在浸染时，染浴会有一个"最佳染色 pH
值"，即得色量相对较高、匀染性相对最
好的染浴 pH 值范围。朱莉在讲述 pH 值
的变量因素时说，如果蘑菇偏酸性，那么
当它生长在较为潮湿的地区时色素的颜
色，较之其生长在干旱地区时的颜色便会
有所不同。

　　染浴 pH 值的变量因素不单单是一个
独立的、影响色素制取结果的变量因素，
它能够与其他因素如媒染剂、纤维等共
同影响染色结果。染浴 pH 值通常存在不
稳定性，即染色初期染浴 pH 值在最佳范
围，但随着染色时间推移，它会慢慢发生
改变，甚至超出最佳范围。因为外界会带
入别的酸碱性物质，比如待染的棉、麻等
半成品纤维（经过漂白预处理的纤维）通
常带碱，在染浴 pH 值缓冲能力较差时，
这些纤维的加入便会突破染浴的最佳 pH
值，使得在酸性环境中更易与纤维结合
的蘑菇色素发生变化，甚至上色能力变
差，显色弱或显色不匀，给染色结果带来
影响。

染料制备	彩孔菌（*Hapalopilus nidulans*）	颜料制备
蘑菇状态：干蘑菇		蘑菇状态：干蘑菇
选用部分：整个蘑菇		选用部分：整个蘑菇
纤维预处理：√		黏合剂：阿拉伯树胶
pH 值：7		温度：29℃
温度：63℃		
时间：1 小时		

朱莉注释

　　彩孔菌（*Hapalopilus nidulans*）真的显色！不需要太多的蘑菇就能获得美丽的色彩。用得越多，颜色越深。我很想更多地了解这种蘑菇的化学成分，因为它似乎能将颜色从丝绸和亚麻布上剥离，纤维看起来比原来更亮、更白，几乎就像这种蘑菇有天然漂白剂一样。但这只是基于我的观察，因为我不是化学家或真菌学家！

染料制备	施魏暗孔菌（*Phaeolus schweinitzii*）	颜料制备
蘑菇状态：干蘑菇		蘑菇状态：干蘑菇
选用部分：整个蘑菇		选用部分：整个蘑菇
纤维预处理：—		黏合剂：阿拉伯树胶
pH 值：5		温度：29 ℃
温度：71 ℃		
时间：1 小时		

朱莉注释

施魏暗孔菌（*Phaeolus schweinitzii*）是一种可以不断染色的蘑菇！它能产生多种颜色，在我居住的吉福德·平肖特国家森林公园（Gifford Pinchot National Forest）非常普遍。开始时加入一些醋调节染浴 pH 值，可以染出金色、黄色和橙色。我把添加铁媒染剂的样本放在明矾媒染剂样本和锡媒染剂样本中然后染色，因为施魏暗孔菌染料和铁之间的反应会污染明矾和锡媒染剂样本。您也可以将 pH 值调至 9，以便在铁媒染剂样本上产生棕色。我曾做过一件事，那就是放入未经媒染的纤维。同样能够显色！如此得到的颜色与使用明矾媒染剂得到的颜色相同，而且耐光、耐洗。

染料制备	新血红丝膜菌（*Cortinarius neosanguineus*）	颜料制备
蘑菇状态：干蘑菇		蘑菇状态：干蘑菇
选用部分：整个蘑菇		选用部分：整个蘑菇
纤维预处理：—		黏合剂：阿拉伯树胶
pH 值：10		温度：29 ℃
温度：43 ℃		
时间：1 小时		

朱莉注释

　　新血红丝膜菌（*Cortinarius neosanguineus*）对热水比较敏感。我使用 43 ℃ 左右的热自来水，然后将磨碎的蘑菇加入水中。我没有煮这些蘑菇，也没有提高温度。我只是让它们在水中浸泡了 1 小时，待水冷却到 29.5 ℃，滤去染料，然后放入纤维。

染料制备	蓝柄亚齿菌（*Hydnellum suaveolens*）	颜料制备
蘑菇状态：干蘑菇		蘑菇状态：干蘑菇
选用部分：整个蘑菇		选用部分：整个蘑菇
纤维预处理：√		黏合剂：阿拉伯树胶
pH 值：9		温度：29 ℃
温度：74 ℃		
时间：1.5 小时		

朱莉注释

　　蓝柄亚齿菌（*Hydnellum suaveolens*）喜欢碱性染浴，并喜欢在开始煮染浴的 5 ~ 10 分钟内改变 pH 值。我使用碳酸钠（纯碱）将染浴的 pH 值调至 9。此外，使用氨水提取亚齿菌颜色的传统由来已久，我可能会尝试在纤维上进行测试，比较结果如何。

　　在整个浸染过程中需要保持染浴的 pH 值为 9。亚麻纤维喜欢高碱性环境，因此它们对齿菌属染料的反应非常好。如果您的纤维在染浴中看起来有棕色，也不用担心，因为所有的齿菌属都会这样，棕色可以被洗掉。如果您对染色效果不满意，也可以在染色后将纤维浸泡在碱性染浴中，以改变颜色。

染料制备	黑栓齿菌（*Phellodon niger*）	颜料制备
蘑菇状态：干蘑菇		蘑菇状态：干蘑菇
选用部分：整个蘑菇		选用部分：整个蘑菇
纤维预处理：—		黏合剂：阿拉伯树胶
pH 值：9		温度：29℃
温度：71℃		
时间：1.5 小时		

朱莉注释

黑栓齿菌（*Phellodon niger*）喜欢碱性染浴，并喜欢在开始煮染浴的 5~10 分钟内改变 pH 值。我使用碳酸钠（纯碱）将染浴的 pH 值调至 9。此外，使用氨水提取亚齿菌颜色的传统由来已久，我可能会尝试在纤维上进行测试，比较结果如何。

在整个浸染过程中需要保持染浴的 pH 值为 9。亚麻纤维喜欢高碱性环境，因此它们对齿菌属染料的反应非常好。如果您的纤维在染浴中看起来有棕色，也不用担心，因为所有的齿菌属都会这样，棕色可以被洗掉。如果您对染色效果不满意，也可以在染色后将纤维浸泡在碱性染浴中，以改变颜色。

制作蘑菇色卡（朱莉·比勒，拍摄：米卡·费舍尔）

* 外在因素：媒染剂 *

"我会将待染纤维做媒染处理，以此得到更强烈、更鲜艳的颜色。"

在染料时朱莉都会在浸染前给所有待染纤维进行预处理，她认为这样能够得到更明艳的颜色。这一步骤被称为"媒染"，即使用矿物盐、明矾或其他媒染剂对纤维进行预处理，为纤维上一层涂层，促进颜色与纤维的结合，增强纤维的固色能力和耐洗能力。

媒染剂（mordant）又叫固色剂，能与染料形成配位复合物并附着在织物（或组织）上，主要在染色时作为一种介质，提高纤维与染料的着色度、固色度（抗紫外线能力）与耐洗能力，使色素与纤维更好地结合并让两者结合得更加牢固。例如，明矾用于提亮颜色，绿矾用于使颜色发黄变深。常见媒染剂有单宁酸、草酸、氯化钠、铬明矾、明矾、铬、铜、铁、碘、钾、钠、钨和锡。

朱莉使用的是明矾和绿矾这样的天然媒染剂，她认为如果必须在染浴或者纤维中添加化学合成物质，那么她所坚持的天然染料提取便失去了原有的意义。除此之外，为了进一步提高纤维固色能力，朱莉会将染好色的纤维浸泡在生豆浆里，因为大豆中含防紫外线的元素，这样可以为纤维提供一层抗紫外线防护，从而提升纤维的固色能力。

用媒染剂进行纤维预处理（朱莉·比勒）

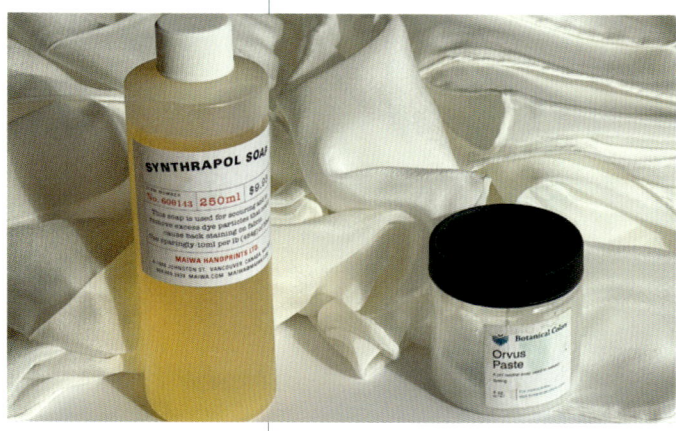

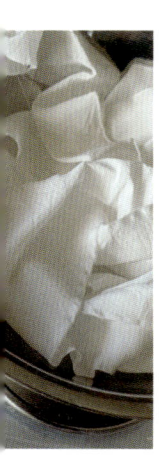

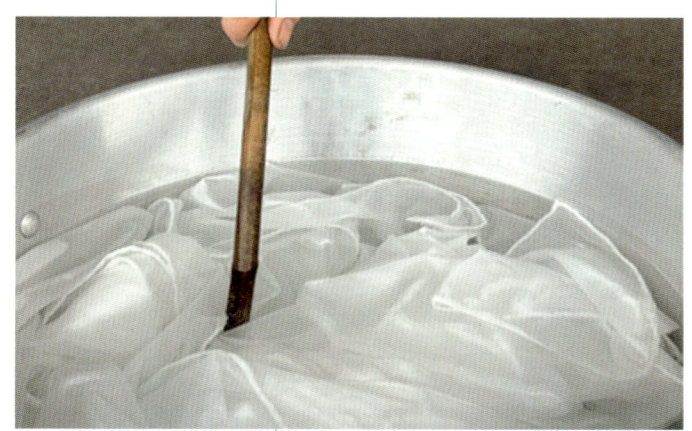

蘑菇染色纤维布料（朱莉·比勒）

经预处理的布料（朱莉·比勒）

* 外在因素：纤维 *

纤维材料可大致分为天然纤维与人造纤维，天然纤维包括了矿物纤维、动物纤维和植物纤维；人造纤维包括了再生纤维（ regenerated fiber ）、半合成纤维（ semisyn-thetic fiber ）和合成纤维（ syntheticfiber ）。

蘑菇偏爱羊毛、羊驼毛和丝绸等动物纤维，能够产生更明亮、更饱和的颜色；而如果是棉和亚麻等植物纤维，颜色通常更柔和、更浅，并且有一些蘑菇含有的色素可能很难很好地附着在植物纤维上，需要进行媒染处理来达到更好的着色效果。有很多天然染料都不能在人造纤维上着色，但有一些蘑菇可以为部分合成纤维染色，比如尼龙。但是朱莉并未过多地采用这类纤维进行染色实验，她对使用天然纤维更感兴趣。在她创建的"蘑菇色彩图集"中，她通过将亚麻植物纤维，以及羊毛、丝绸两种动物纤维，一共 3 种纤维材料，与 3 种不同的媒染剂进行结合，从同一种蘑菇中浸染出 9 种不同的颜色。

* 外在因素：温度 *

蘑菇中不同类型的色素化合物对温度值反应也是不同的，其中一些对热敏感，甚至敏感到在数秒之内就能够明显看到褪色反应。朱莉提到，蘑菇中有些对高温敏感的色素化合物，是无法通过高温沸煮的方式提取到颜色的。所以，纤维在蘑菇染浴中煮的温度和时间对于实现最佳颜色效果也是重要的因素。对于大多数蘑菇染料而言，将染浴温度保持在 74 ~ 82 ℃ 并将纤维慢煮 1 小时能达到最佳效果。

* "�';法" 盛世 *

"当我们开始关注更为可持续的环境
解决方案时，蘑菇就会在这个世界上
占有一席之地。"

　　天然色素具有多种对人类有益的生物
学功能，而几乎所有人工合成色素都不能
够向人类提供营养物质，某些合成色素甚
至会危害人体健康，引发中毒和癌变等生
命健康问题。当合成色素被意外创造出来
后，低廉、高产的制取成本让它备受推
崇，天然染料被工业化制造湮没。而本就
在天然染料中只占据部分位置的蘑菇染料
更无法掌握话语权，似乎在这个快节奏的
世界之中，再也没人能够等待它们生长，
慢慢温炖，创造色彩。但是，蘑菇的后盾
是一个庞大的真菌王国，而真菌色彩所富
有的天然抗菌、抗癌、抗辐射以及抗氧化
等生物活性，必定会推动人类对它进行探
索。已有科学家在实验室中展开对这些着
色蘑菇菌种的培育实验，而这，才是真正
的未来。

　　朱莉认为，在大众市场上推广蘑菇
染料，需要和天然纤维相结合，也就是
人们所说的"慢纤维革命"（Slow Fiber
Revolution）。当这一潮流发生时，人们
开始关注更加可持续的生活方式以及生态
环境解决方案，蘑菇注定会占领一席之
地。所以，蘑菇大规模进入市场，是迟早
的事。

　　朱莉有着多年的教师经验，以及极富
审美的设计师经验，她的染色与纺织作品
吸引着越来越多的人与之交流。她开设网

朱莉正在野外采集（朱莉·比勒，拍摄：凯莉·特索）

站、课程、讲座与工作坊，尽己所能地将关于蘑菇的所有知识传播给大众。朱莉说：

> "我的梦想是让蘑菇取代合成颜料，现实是蘑菇永远无法取代合成颜料，但如果它能够像这样，小规模、高密度地向前发展，也已经很好了。"

吉莉安·西科
Jillian Sico
美国

"我在自然之中寻觅可供创作的材料，我在材料创作之中探索自然系统和与之相关的人类活动中蕴含的可见和不可见的意义层次。"

吉莉安·西科是一名造纸师、装帧设计师和版画艺术家。她于 2013 年获得佐治亚大学环境人类学硕士学位，于 2020 年硕士毕业于阿拉巴马大学图书艺术专业，专注于凸版印刷、造纸和艺术书籍装订，她在进行手工造纸的时候会尝试挖掘各种天然材料造纸的潜力，并在此过程中与蘑菇相识。

个人网站: frogsongpress.com

考特尼·乔瓦格诺利
Courtney Giovagnoli
法国

"蘑菇可以很好地融入我们的社会。作为一名设计师，我们有能力也有责任选择这样更为天然的材料为我们的地球创造一个更可持续、更负责任的世界。我们必须怀着生态良知来生产和设计产品。"

考特尼·乔瓦格诺利硕士毕业于尼斯康德学校（Condé School）的创新材料与可持续设计专业。在校期间，考特尼的研究重点是基于蘑菇和菌丝体材料在设计中作为可持续替代品的应用。毕业后，她决定进一步推动此领域的发展，创立了自己的公司。该公司专注于利用菌丝体制作各种装饰品，旨在通过自然的生物基材料来加强人们的环保意识和提升生活品质。

个人网站: instagram.com/mycelium_25/

蘑菇造纸
Mushroom
Papermaking

第五章
Chapter 5

前文提到过蘑菇艺术先驱米里亚姆除了擅长蘑菇染色外，同样擅长蘑菇造纸。

在染料提取后，会剩下大量残留的蘑菇碎片，米里亚姆不舍得丢弃，就有了将这些废弃物加工成纸的想法。她于1985年丹麦第三届国际真菌和纤维讨论会（the 3rd International Fungi and Fiber Symposium, Denmark）上提出了蘑菇造纸的概念，又在1991年的冬季版《蘑菇》（*Mushroom*）杂志上发表了她的实验。1992年，"尝试用多孔菌造纸"（"Let's Try Polypores for Paper"）展览引起了世界的关注，另一种蘑菇艺术形式——蘑菇造纸被正式推出，有兴趣的设计师们纷纷进行各种扩展尝试。

吉莉安的造纸实践（吉莉安·西科）

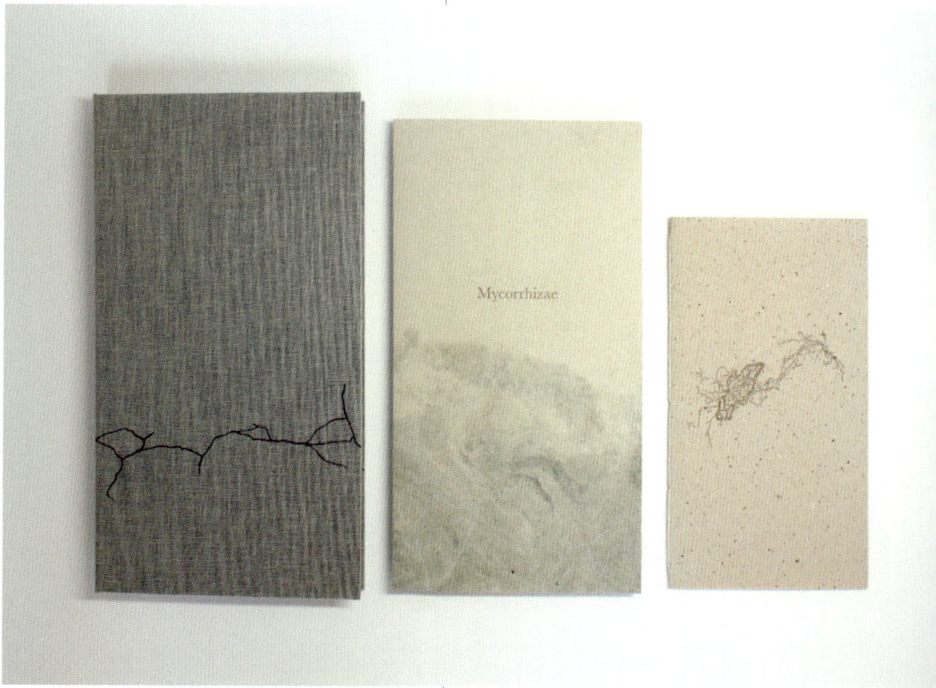

Mycorrhizae

书籍作品《菌根》（吉莉安·西科）

84

莉安的造纸实践（吉莉安·西科）

＊以蘑菇之名，创蘑菇之书＊

文理兼修的美国艺术家吉莉安·西科（Jillian Sico）有着书籍设计的专业背景，专注于凸版印刷、造纸和艺术书籍装订，她在进行手工造纸的时候会尝试挖掘各种天然材料造纸的潜力，并在此过程中与蘑菇相识。吉莉安先后用鸡油菌（chanterelle）的孢子层和多孔菌（polypore）尝试造纸，并在过程中发现：100%由蘑菇制成的纸张韧性没有含有纤维素植物制成的纸张韧性高，但却有着毛毡状、略像海绵般的特殊触感。这很有可能是因为多孔菌含有的蓬松柔软的火绒层。为了提高蘑菇纸的实用性，吉莉安还尝试在制作过程中添加不同比例的再生纸与蘑菇一起打浆，造出不同质感的纸种。

书籍作品《菌根》（*Mycorrhizae*）是吉莉安一次成功的造纸与装帧尝试。这是本关于蘑菇菌丝网络与植物根部的共生关联的书籍，由生态学家凯蒂·贝德勒（Katie Beidler）编撰文字，再由吉莉安所制作的手工纸装帧而成。在这件作品中，吉莉安将造纸视作同样可以传递书内信息内容的媒介。她用埋在鹅掌楸树下两月之久的亚麻布，再加上树旁的湖水，一同打浆制成纸张，装订制成了这本书，又用鸡油菌与湖水一同打浆，装订成了书籍附带的小册子。吉莉安希望通过各种自然之物混合打浆制成的纸张，为读者创造与森林相连的体验，唤起他们对生态环境更深的思考。

现在，吉莉安仍在进行着蘑菇纸张的探索实验，尝试将蘑菇与不同物质混合，调配出更适用于版画印刷和书写的蘑菇纸，让蘑菇纸在未来拥有更多的可能性。

* 多用途的蘑菇纸 *

很多造纸师都会在蘑菇以外增加其他物质或者纤维以提高纸张性能。因为，蘑菇中缺少纸张中的关键成分——纤维素。它的细胞壁是一种甲壳素的生物聚合物，这种聚合物类似于植物中的纤维素，这是蘑菇能够用于造纸的原因，但它毕竟不是纤维素，纤维素的很多特性它表现得并不明显。所以，如果想要蘑菇纸拥有更好的实用性和设计潜力，造纸师们需要不断进行实验，通过其他纤维与物质的辅助来达到目的。

在法国设计师考特尼·乔瓦格诺利（Courtney Giovagnoli）的蘑菇纸作品中，她选用了双孢蘑菇（*Agaricus bisporus*），也就是我们俗称的口蘑作为造纸原材料，并通过添加天然胶质及油脂，创造出了韧性更好、更具实用性的蘑菇纸，这种纸的质感介于纸张与塑料之间，还能够通过调节纸浆中的材料比例得到更类似于纸或更类似于塑料的多种状态。

考特尼将这一性能多变的蘑菇纸称为"蘑菇塑料"（Mycoplastics），因为她的蘑菇纸突破了传统蘑菇纸脆弱易碎的特性，使其能够接受更进一步的加工创作，比如折叠、缝制以及凸印。考特尼用它创作了书皮封面、名片、信封、手提袋等一系列作品，让我们看到了蘑菇纸的设计潜力和应用可能。

多性能蘑菇纸（考特尼·乔瓦格诺利）

多性能蘑菇纸手提袋（考特尼·乔瓦格诺利）

多性能蘑菇纸信封（考特尼·乔瓦格诺利）

多性能蘑菇纸书皮封面（考特尼·乔瓦格诺利）

蘑菇生万物
Mushrooms
Give Rise to All

结语
Conclusion

纵观一部由蘑菇执笔书写的人类文明史，无论是作为图腾、食物、火种还是皮革，蘑菇都为古时生活举步维艰的人们提供了精神及物质的支撑。现在，众多科学家、艺术家以及设计师纷纷向蘑菇寻求更深层次的"创新灵感"，他们剖开蘑菇寻找其中不可见的奥秘，捕获无穷尽的色彩，提取可供治愈身体、心理疾病的元素，甚至将挽救生态环境恶化的希冀也寄托于它。当我们想要改变局面，寻求更健康、更可持续发展的生活时，蘑菇总是会适时出现。因为——

　　它是生命进化史上最成功的案例之一，它和它的生命活动惠及万物，是这狂野生境中强大的力量，它不仅仅是一朵可爱的蘑菇。

图书在版编目（CIP）数据

蘑菇生万物 / 蔡潇，刘欣然著 .—长沙：湖南科学技术出版社，
2025.8.—（方物）.—ISBN 978-7-5710-3409-2

Ⅰ . S646.1；J06

中国国家版本馆 CIP 数据核字第 202501JL51 号

MOGU SHENG WANWU
蘑菇生万物

著者
蔡潇　刘欣然

资料统筹
刘宁宁

出版人
潘晓山

策划编辑
孙桂均　吴诗

责任编辑
吴诗

责任营销
周洋

出版发行
湖南科学技术出版社

社址
长沙市芙蓉中路 416 号泊富国际金
融中心 40 楼
http://www.hnstp.com
湖南科学技术出版社

天猫旗舰店网址
http://hnkjcbs.tmall.com

（印装质量问题请直接与本厂联系）

印刷
长沙玛雅印务有限公司

厂址
长沙市雨花区环保中路 188 号
国际企业中心 1 栋 C 座 204

邮编
410000

版次
2025 年 8 月第 1 版

印次
2025 年 8 月第 1 次印刷

开本
880 mm × 1230 mm　1/32

印张
3

字数
116 千字

书号
ISBN 978-7-5710-3409-2

定价
40.00 元

（版权所有·翻印必究）